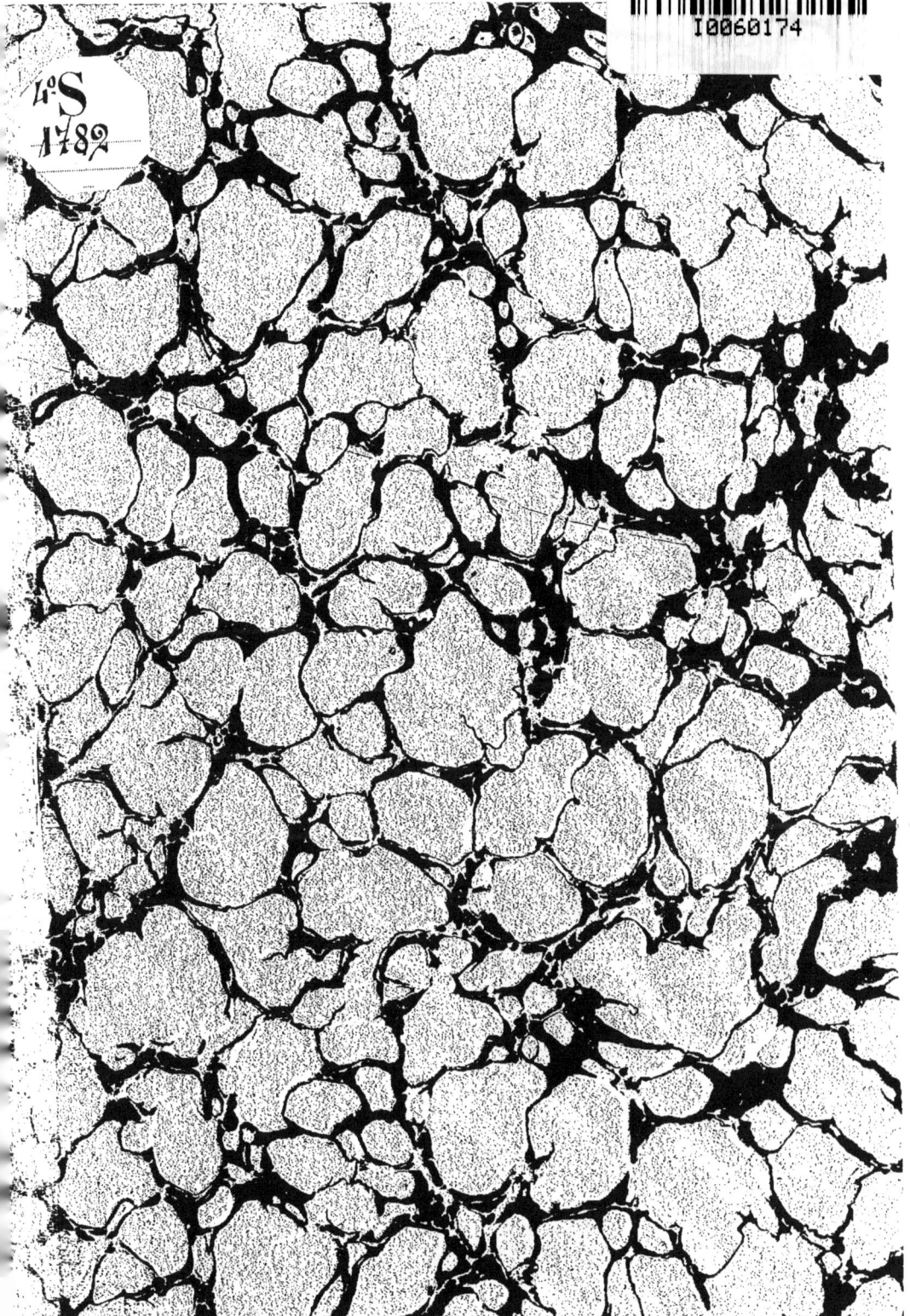

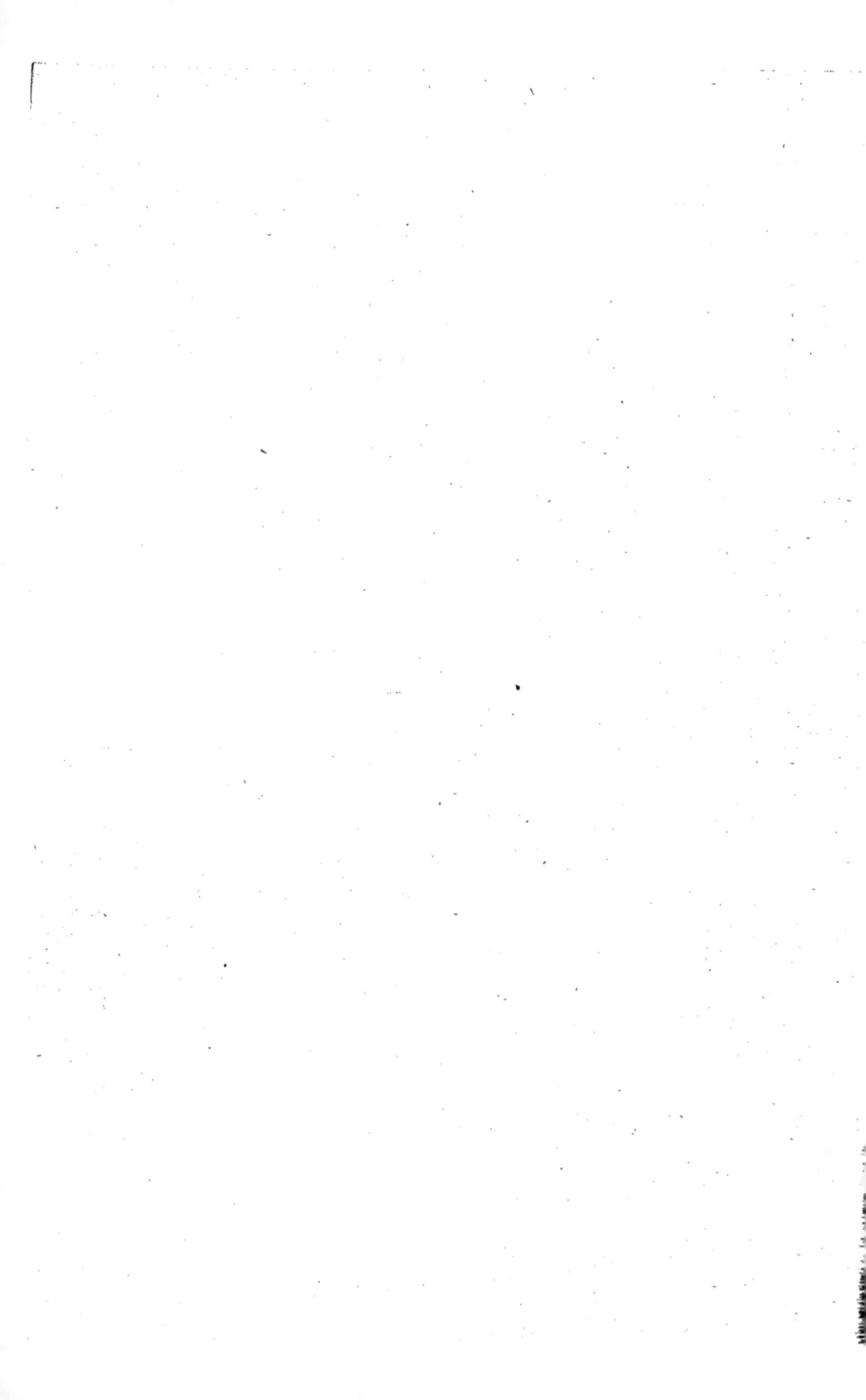

RAOUL CHANDON DE BRIAILLES

VICE-PRÉSIDENT DE LA SOCIÉTÉ
DES VITICULTEURS DE FRANCE ET D'AMPÉLOGRAPHIE

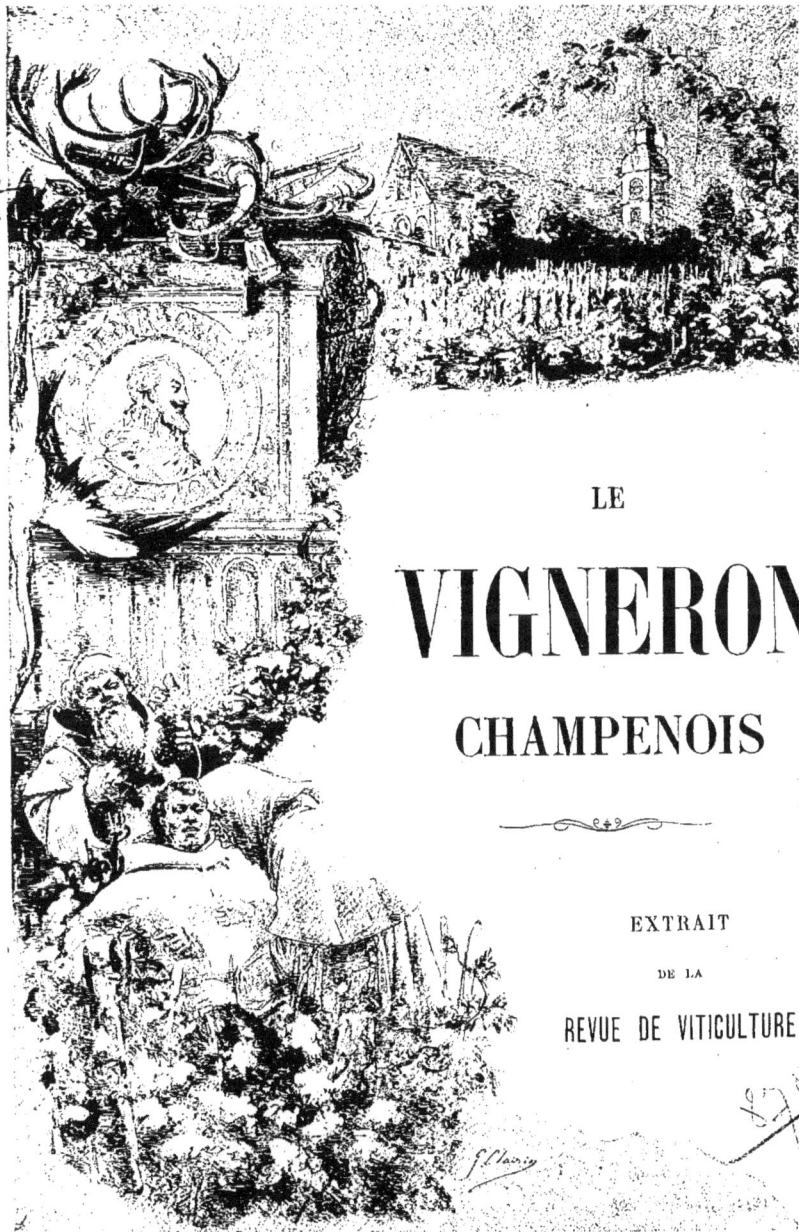

LE

VIGNERON

CHAMPENOIS

EXTRAIT

DE LA

REVUE DE VITICULTURE

RÉDACTION ET ADMINISTRATION : 5, Rue Gay-Lussac, PARIS

LE VIGNERON CHAMPENOIS

Il n'est aucun écrivain, adonné aux choses de la viticulture, qui ait décrit l'organisation de la main d'œuvre, les conditions économiques du vigneron et les dépenses en salaire correspondant à la culture d'un hectare de vignes en Champagne.

D'après une opinion qui tend à se répandre, les grands propriétaires et les négociants auraient seuls quelque chose à gagner à la prospérité du commerce des vins mousseux. Cette opinion semble même s'être accréditée auprès des pouvoirs publics, et lors de la discussion sur la réforme des boissons,

un député proposait d'établir une taxe nouvelle sur les bouteilles de
vin de Champagne, avant de s'être rendu compte si ce nouvel impôt ne
viendrait pas frapper, par ricochet, le propriétaire vigneron déjà obéré
par des charges sans nombre, et si cette mesure fiscale ne consti-
tuerait pas une prime d'encouragement aux négociants de Champagne à
bas prix, qui s'approvisionnent partout ailleurs que dans le département
de la Marne, à cause du prix élevé des vins. Cette opinion est fausse et,
pour le démontrer, le simple exposé des faits suffira.

Les habitants éloignés des centres commerciaux, tels que Reims, Épernay, Ay et Avize, ont, il est vrai, une certaine difficulté à écouler leurs produits à un prix élevé ; mais lorsqu'ils ne vendent pas leurs raisins aux commerçants, ils font des vins rouges vendus et consommés dans le pays ; puis un certain nombre d'entre eux vont louer leurs services, travaillant soit au mois, soit à la journée pour les propriétaires des grands crus. Les autres restent au hameau et cultivent des céréales ou travaillent

Fig. 2. — Chargement et transport du magasin par les enfants.

dans les bois qui cou-
ronnent la crête des collines, trop froide pour y voir mûrir le raisin.

Dans les petits crus, et surtout depuis la création des places ou bourses
de travail, le prix des façons données à la vigne est sensiblement pareil à
celui des vignobles réputés ; les maladies, telles que l'Oïdium, le Mildew,
la Pyrale, l'Écrivain, etc., survenant, un certain découragement s'est
emparé des petits propriétaires et la culture s'en est ressentie ; aussi, est-il
à craindre que des vignobles entiers viennent à disparaître par le manque
de culture.

Il n'en est heureusement pas de même dans les grands crus, où de
nombreux terrains sont replantés en vignes, et où des sacrifices perma-

nents sont faits par les propriétaires pour la bonne tenue et la conservation de leurs vignobles. C'est de cette partie de la Champagne, dont Épernay est le centre, que nous nous occuperons, examinant par qui les travaux sont faits et quels sont les salaires donnés aux ouvriers, et de leur progression depuis quinze ans.

Les enfants, les femmes sont, ainsi que les hommes, employés aux travaux des vignes, mais à des conditions différentes que nous examinerons tour à tour.

I. — LES ENFANTS

Dès l'âge de quinze ans, fillettes et garçons trouvent un emploi dans les vignes. A l'arrière-saison et par les beaux jours d'hiver, la hotte au dos, ils transportent le magasin (1), de l'endroit spécial où il a été préparé, à la vigne où ils le répandront en tas entre les ceps. Les ouvriers, au lieu d'emplir entièrement ce récipient comme celui des hommes ou des femmes, n'y jettent que deux pelletées à chaque voyage, soit environ de quatre à cinq kilogrammes d'amendement. On proportionne l'effort qui leur est demandé à leur vigueur et à leur développement physique.

Fig. 3. — Enfant ramassant des sarments.

Plus tard, au moment de la taille de la vigne, ils enlèveront les sarments laissés sur le sol et confectionneront de petits fagots que les ouvriers vignerons emporteront et brûleront chez eux. Cependant, depuis l'invasion phylloxérique, certains propriétaires, par mesure de prudence, les font aussitôt brûler sur les chemins. Quelquefois aussi, par les gelées ou par

(1) Le magasin ou compost se compose d'un mélange de terre sablonneuse ou de cendres pyriteuses de montagne, de terre de prairie et de fumier superposés par couches et mis en tas au bord des vignes.

les froides journées du printemps, c'est autour d'un feu de sarments que viendront se chauffer les ouvriers au cours du travail, et qu'ils se grouperont, aux heures des repas, lorsqu'ils se trouveront trop éloignés des cabanes disséminées dans les vignes pour leur servir de refuge.

Au moment des labours, les enfants enlèvent l'herbe qui jonche le sol et la portent sur le magasin. Lors de la mise en place des échalas appelée *fichage*, l'enfant présente au vigneron l'échalas qu'il retire des tas ou *moyères* disposés en lignes parallèles du haut en bas des vignes. A l'enlèvement ou *défichage*, l'enfant les reçoit des mains du vigneron pour les déposer sur les moyères. En été, il racle l'herbe à l'époque des binages et, enfin, au jour impatiemment attendu de la vendange, le jeune homme est employé comme cueilleur ou comme porteur de petits paniers (1), la jeune fille, comme cueilleuse ou comme pareuse (2).

Fig. 4. — Sarclage par un enfant.

Le temps de présence passé à la vigne est pour les enfants de sept heures en hiver, de dix heures en été.

En hiver, l'enfant se rend au travail à sept heures du matin, il se repose de midi à deux heures, puis il reprend sa tâche jusqu'à la tombée de la nuit, c'est-à-dire jusqu'à quatre heures après midi.

Au printemps et à l'automne, il part pour les vignes à six heures du matin; de huit heures à huit heures trois quarts, il se repose, et travaille ensuite jusqu'à onze heures et demie; à une heure, après son déjeuner, il se remet

(1) Le porteur de petits paniers se place derrière les cueilleurs; il cueille les raisins oubliés et transporte les paniers remplis par eux sur les clayettes disposées en dehors et sur les côtés de la vigne où se font l'épluchage et le choix des raisins.

(2) La pareuse épluche et choisit les raisins placés sur les claies en osier, puis les place dans les grands paniers, dits paniers mannequins, qui contiennent de quatre-vingts à cent kilogrammes.

au travail; de quatre heures à quatre heures trois quarts, il l'interrompt encore pour prendre son goûter, et le reprend ensuite pour quitter la vigne à sept heures du soir.

En été, il n'abandonne le chantier que vers huit heures du soir, c'est-à-dire à la nuit tombante.

Les enfants touchent un salaire fixe, indépendant des fluctuations des cours de la place; il est d'un franc cinquante à deux francs par jour pendant les mois de décembre, de janvier et de février. Pendant toute la période comprise entre le 1er mars et le 1er décembre, ils reçoivent de deux francs à deux francs soixante-quinze par jour. En hiver, il y a lieu d'ajouter à ce prix la valeur d'une bouteille de vin rouge contenant quatre-vingts centilitres, et pendant les neuf autres mois de l'année, celle d'une bouteille et demie, soit un litre vingt centilitres, qui leur sont fournis gratuitement par les propriétaires.

Au moment de la vendange, les enfants au-dessus de treize ans pris comme cueilleurs perçoivent chaque jour de deux francs cinquante à six, et même sept francs par

Fig. 5. — Enfant plaçant des échalas en moyères.

jour, suivant les cours : pendant la durée de ce travail, ils sont, ainsi que tous les vendangeurs, nourris et couchés. S'ils sont engagés comme porteurs ou comme pareuses, ils toucheront de dix à vingt-cinq centimes de plus que les cueilleurs.

Pour ces travaux divers, le salaire annuel moyen d'un petit garçon ou d'une jeune fille, âgé de quinze à dix-huit ans, peut être évalué à *cinq cents francs* pour deux cents jours de travail, en y comprenant les journées de vendange.

Fig. 6. — Retour des vendanges.

II. — LES FEMMES.

Les enfants travaillent aux vignes côte à côte sous la surveillance de leurs parents, et les femmes aussi bien que les hommes sont employées soit à la tâche, soit à la journée.

Dès l'âge de dix-huit à dix neuf ans, après avoir accompli un apprentissage de quelques années et avoir fait preuve de l'habileté professionnelle requise, la femme est considérée comme une vigneronne accomplie et salariée en conséquence. Vers l'âge de cinquante-cinq ou de soixante ans, elle abandonne les travaux de culture pour vaquer aux soins du ménage et des intérêts domestiques.

Le transport de la terre et du fumier, le labourage et les binages, la mise en place des échalas et leur enlèvement, le provignage et le liage des ceps, la taille de la vigne, son émondage et enfin les opérations multiples de la vendange constituent le programme de l'emploi de son temps.

Coiffée en hiver d'une capeline en laine retombant en pèlerine sur l'épaule, en été d'une capote, sorte de chapeau en cotonnade dont la forme spéciale (1) a été empruntée récemment par les Anglais et popularisée sous le nom de *Kate Greenaway*, la jupe fixée au-dessous du genou, de manière à former comme une culotte bouffante, et chaussée d'épais brodequins, la vigneronne champenoise affronte sans danger les ardeurs du soleil, les brouillards et la pluie.

Ainsi que les vignerons, elle manœuvre courageusement le hoyau et manie habilement la binette et le sécateur : sa résistance à la fatigue est supérieure à la leur, sa vivacité et son adresse est plus grande dans certains travaux, tels que le liage de la vigne aux échalas.

(1) Ces chapeaux portent le nom de : Bagnolets.

Les femmes sont, en général, très consciencieuses dans leur travail ; si elles se montrent parfois négligentes, c'est vers la fin des opérations, dans le but de les prolonger et d'augmenter ainsi le nombre de leurs journées.

Les divers travaux à la vigne s'exécutent le plus souvent en silence.

Courbé vers la terre, avec les bras continuellement en mouvement, il est difficile à l'ouvrier, dont l'attention est soutenue par les soins méticuleux à donner à l'arbuste, de causer en travaillant ; les propriétaires ou les chefs vignerons s'appliquent à maintenir cette règle qui assure la discipline dans l'hordon (1) et leur facilite l'exercice du commandement.

Mais il n'y a pas de règle sans exception, et certaines difficultés naissent du besoin de converser que toute femme, même champenoise, apporte en naissant. Il n'est pas rare d'entendre la vigneronne se plaindre de la répartition du travail, trouvant plus intéressantes ou moins fatigantes les occupations commandées à autrui, puis, comme elle a quitté

Fig. 7. — Vigneronne coiffée du Bagnolet.

son foyer de grand matin, elle se plaît à causer des enfants laissés seuls à la maison. Sont-ils à l'école ? font-ils, au contraire, l'école buissonnière, etc. ? Pendant que l'on bavarde, le travail est interrompu, mais un rappel à l'ordre se fait bientôt entendre et la mauvaise humeur qu'il fait naître s'éteint dans le bruit de quelques murmures confus.

Autour des mères accompagnées de leurs enfants, durant la journée et aux heures des repas, il ne se tiendra pas de propos grossiers, car le vigneron champenois conserve une déférence native pour le caractère et l'innocence de l'enfant ; et si des paroles légères échappent à quelques-uns, elles sont immédiatement interrompues sans provoquer de protestation de la part du coupable. Cette retenue et la moralité relative de la population viticole de la Champagne est due au respect inné des devoirs familiaux ; elle a conservé à travers les âges ce que Tacite signalait comme un des caractères particuliers de la Germanie primitive : le respect de la femme et de l'autorité paternelle.

Si la vigneronne, en général, n'est pas facile à commander, ses légers défauts de caractère sont compensés par des qualités de premier ordre

(1) On appelle un « hordon » le groupe des ouvriers réunis dans un même chantier.

auxquelles il convient de rendre un hommage mérité. Elle est avant tout une ménagère intéressée, une épouse et une mère de famille modèle. Les jeunes filles sont de l'or, dit, je crois, un proverbe catalan, les femmes mariées de l'argent; les veuves sont de cuivre, et les vieilles de fer-blanc. En Champagne, les vigneronnes mariées ou veuves sont de l'or au même titre que les jeunes filles et j'affirme, sans crainte d'être démenti, même par un Espagnol, qu'elles font mentir le peu galant proverbe.

Leur influence affective particulière ne s'exerce que dans leur famille où la stricte renonciation à l'autorité du sexe dirigeant est générale. Aussi, parmi les vignerons, les séparations de corps sont-elles rares, et le divorce pour ainsi dire inconnu; la nuptialité est générale et l'affection mutuelle des époux est entretenue par le travail en commun et les joies de la famille. Les unions sont fécondes et les familles relativement nombreuses (1); les jeunes gens s'étudient aux champs, sous l'œil vigilant des parents, et s'apprécient au cours du labeur quotidien. Une galanterie réciproque se manifeste par les services rendus dans le travail, et quelques compliments débités à la hâte. Sauf en hiver et par le mauvais temps, on ne songe pas à faire la veillée, à cause des frais supplémentaires d'éclairage et de chauffage qu'elle occasionne. Lorsque le vigneron rentre chez lui, la fatigue l'invite au sommeil, et l'aube naît à peine qu'il faut revenir à l'hordon. Les vignerons considèrent donc comme leur home le sol jonché de pampres et de rameaux feuillus aussi bien que la modeste demeure qui lui sert d'abri.

Ils s'y reposent aussi bien après le moment des repas et lorsque l'importance de leur propriété ne comporte pas la construction d'une cabane; dans ce but, ils se munissent d'un parapluie aux proportions gigantesques, appelé parapluie de famille, sous lequel peuvent s'abriter facilement trois ou quatre personnes, en cas de pluie ou de soleil brûlant.

Comme le poète, le Champenois chanterait volontiers l'accessoire prosaïque auquel il doit quelque bien-être et dont parfois il se sert comme moyen de séduction :

Fig. 8. — Femme en tenue de travail.

---

(1) Dans la maison Moët et Chandon, le chiffre des naissances relevé sur les livres du personnel pour l'année 1895 donne le résultat suivant : pour 200 familles de vignerons, on compte 70 naissances, alors que pour 100 familles d'ouvriers de cave, on n'en compte que 16.

Le parapluie est un philosophe,
Tout ça glisse sur son étoffe,
Il sait qu'il est enfant de l'art...
De l'art d'aimer ; les amants mêmes
Font leur carquois de son étui,
Les soupirs et les stratagèmes
Conquièrent moins de cœurs que lui (1).

C'est en effet derrière ce rempart de coton, véritable mur que n'eût pas manqué de protéger M. Guilloutet s'il l'eût connu, que se déroulent de

Fig. 9. — Transport du magasin.

véritables pastorales. Les jeunes gens ne se voient guère qu'aux heures des repas, ils ne s'entretiennent qu'aux moments des repos ou, le soir, lorsque, marchant en file indienne le long des sentes, les ouvriers dessinent comme des monômes serpentant sur le flanc des collines, avant de rejoindre le hameau.

C'est sous ce modeste abri, à l'heure de la sieste, que se projettent les unions devant la famille assemblée ; c'est là que se font les accordailles ; c'est à l'ombre du parapluie que s'échangent les solennelles promesses dont dépendra souvent le bonheur des époux.

(1) Victor Mahier.

Les tièdes zéphirs et les parfums capiteux de la fleur de la vigne, pendant les longs jours d'été, invitent aux tendres et légitimes propos, et maints nouveaux époux n'hésitent pas à se blottir sous cet abri savamment orienté. « Regarde de ton côté, je regarderai du mien », dit Daphnis à Chloé; mais bientôt la pauvrette de soupirer : « Regarde de tous côtés, car je n'y vois plus rien ». Et c'est ainsi que, de loin en loin, sous le ciel d'azur, se psalmodient les strophes du Cantique des Cantiques.

Fig. 10. — Taille de la vigne.

Ainsi qu'on peut en juger, les traditions patriarcales se sont conservées dans la classe vigneronne qui forme encore une caste spéciale ayant conservé son originalité et son caractère.

> Il nous vaut mieux vivre au sein de nos lares
> Et conserver paisibles casaniers
> Notre vertu dans nos propres foyers
> Que parcourir bords lointains et barbares (1).

se disent les vignerons, et fidèles à leurs crus renommés, fiers de la plante qu'ils doivent à des soins incessants, ils demeurent attachés au sol qui les

(1) GRESSET.

a vus naître. Les mariages se contractent dans leur milieu social, et sur les rôles des tailles des siècles passés figurent les noms que l'on retrouve aujourd'hui sur les livrets ouvriers. La plupart d'entre eux pourraient justifier d'une généalogie que leur envieraient d'aucuns gentilshommes de notre époque (1).

Dans certaines communes, les vigneronnes célèbrent au mois de février une fête patronale, spéciale aux femmes : la Sainte-Agathe. Une messe les

Fig. 11. — Famille au repos.

réunit le matin et le reste de la journée est consacré au repos et aux réunions de famille.

Nés de parents robustes, dans un milieu où les maladies sont rares, les enfants, dès leurs premiers jours, puiseront au sein de leur mère l'amour et le respect de la vigne, car les vigneronnes considèrent comme un devoir de nourrir elles-mêmes le fruit de leur union.

(1) Parmi les propriétaires-vignerons à Epernay, on compte des Fierfort, des Blée et des Légée depuis plus de trois siècles.

Les parents n'hésitent pas à s'imposer les plus grandes privations pour donner à leurs enfants le nécessaire et parfois le superflu. Que de fois n'a-t-on pas été touché par le départ inattendu d'une femme à l'heure du repas! Après avoir partagé entre ses enfants le maigre contenu d'un pot d'étain ou les morceaux traditionnels de fromage et de pain, elle retourne au logis, simulant l'oubli fait de sa part afin que les ouvriers ne remarquent pas l'insuffisance des portions données. A la reprise du travail, elle revient le sourire aux lèvres, oubliant l'heure qu'elle vient de passer à

Fig. 12. — Liage de la vigne.

dévorer ses larmes devant les armoires vides et l'âtre sans feu du foyer désert. Les ragoûts de viande et de légumes, qui forment le fond de l'alimentation des familles plus aisées, sont généralement préparés le matin et consommés par moitié à midi et le soir. Si nous pénétrons dans la salle commune où le père, entouré de ses enfants, prend le repas du soir éclairé par la lueur vacillante d'une lampe à pétrole, nous le verrons distribuer à ses fils les portions de viande mises à part le matin et se contenter, ainsi que sa femme, des légumes qui ont servi à les assaisonner.

Nous pourrions multiplier à l'infini les récits touchants et donner de nombreux exemples de sollicitude et d'amour maternel ; mais le cadre de ce travail ne nous le permet pas, et nous nous bornerons à ces faits.

Parmi les vigneronnes, beaucoup sont douées d'un réel esprit d'observation, il n'est pas rare de trouver parmi elles d'excellents chefs de culture. Devenues veuves, elles exploitent avec une économie et une entente remarquable des affaires le patrimoine de famille amassé péniblement par son

Fig. 13. — Plantation des échalas.

chef. En cas de maladie, la femme supplée son mari et commande aux ouvriers. On peut donc dire de la vigneronne champenoise qu'elle est un ouvrier laborieux, un auxiliaire dévoué pour les siens, et un serviteur habile pour le propriétaire qui l'emploie. Aussi a-t-on pour elle des égards particuliers. La durée des travaux pour les femmes qui allaitent (1) ou pour

(1 Les femmes vont aux vignes jusqu'au jour de la naissance de l'enfant : elles reprennent souvent leur travail avant la huitaine qui suit leur accouchement et, ainsi que cela se dit dans le vignoble, il est très difficile de leur faire faire leur dizaine, c'est-à-dire de leur imposer un repos de dix jours. Les prolapsus utérins sont de ce fait très fréquents chez les multipares, ce qui n'empêche pas les personnes qui en sont atteintes de vaquer à leurs travaux habituels.

les mères d'enfants encore en bas âge, n'est que de six heures en hiver, de huit heures au printemps et de neuf heures en été.

Elles ne se rendent à la vigne en hiver que trois quarts d'heure après les ouvriers, elles s'absentent vers le milieu du jour pour donner le sein à leurs enfants et rentrent chez elles le soir trois quarts d'heure avant les

Fig. 14. — Chargement du magasin.

vignerons. Au printemps et à l'automne, elles sortent une heure après leurs maris, vont soigner leurs enfants à midi et reviennent au logis une heure avant les autres pour vaquer aux travaux du ménage.

De même que pour les enfants, leur salaire est fixe. Il est de 2 francs en niver, de 2 fr. 50 au printemps et à l'automne, et de 2 fr. 75 en été. A ce salaire il convient d'ajouter 80 centilitres de vin en hiver et 1 litre 20 centilitres pendant le reste de l'année. D'aucunes même ne craignent pas de prendre un barbotin (1) ou un petit verre d'eau-de-vie le matin.

(1) Le barbotin est un mélange d'eau sucrée et d'eau-de-vie de marc. Cette liqueur est donnée aux enfants en guise de déjeuner le matin avant leur départ pour l'école. A mesure que les enfants grandissent la quantité d'eau et de sucre mélangée à l'alcool diminue, et avant l'âge adulte, ils ont déjà pris l'habitude de la goutte du matin. L'élimination des toxines contenues dans ce liquide est plus rapide en plein air, et les cas d'alcoolisme sont plus rares chez le vigneron que chez l'ouvrier. Les maladies qui proviennent de cette habitude sont les affections sclérogènes telles que les gastrites, les néphrites, les cyrrhoses, etc.; on constate rarement des cas de delirium tremens.

Au moment de la vendange, les femmes peuvent être employées soit comme cueilleuses, soit comme pareuses; à ce moment, elles sont nourries et suivant les cours, elles reçoivent par jour de 1 fr. 50 à 6 francs, et quelquefois même 7 francs.

Les femmes font de 200 à 220 journées de travail, et la moyenne de leur salaire peut être évaluée à 600 francs par an.

La somme de six cents francs que nous avons indiquée comme le montant du salaire annuel de la vigneronne ne doit pas être considérée comme le revenu net de son travail. Il convient, pour rester dans la vérité, de faire figurer, à côté de ce chiffre, celui des dépenses obligatoires inhérentes à sa profession.

Fig. 15. — Vigneronne fichant les échalas à l'aide du ficheux.

Fig. 16. — Femme plaçant les échalas en moyères. — Défichage.

Les propriétaires ne fournissent pas aux ouvriers les outils ordinaires de travail; puis, leur présence assidue aux champs, à toute époque de l'année, les oblige à des frais d'habillement qu'il faut déduire du total de leurs recettes. Il en est de même pour les objets mobiliers, dont l'emploi est nécessité par les repas pris à la vigne; nous les comprendrons dans ce compte.

En dehors de l'eau-de-vie de marc, les vignerons boivent souvent du vin de rebêche, c'est-à-dire le produit de la dernière goutte de vin extraite du marc. Ce vin contient en dehors de la matière colorante, la majeure partie des huiles essentielles renfermée dans la rafle et dans les pépins, c'est-à-dire la presque totalité des poisons alcaloïdes qui se trouvent dans le raisin. L'action nocive de ce vin n'est cependant pas comparable à celle des vins de raisins secs mal fabriqués dont la vente a malheureusement pénétré jusque dans les grands crus, où le vigneron trouve plus avantageux de vendre son vin que de le boire.

La vigneronne est loin d'être une femme coquette; sa garde-robe est simple, mais elle paraît bien fournie, si on la compare à celle d'une ouvrière employée dans l'industrie ou dans le commerce et gagnant le même salaire. La nomenclature des vêtements que nous allons donner est dressée de façon à établir le chiffre annuel minimum des dépenses applicable à l'achat des vêtements, après avoir fait entrer leur durée en ligne de compte; c'est en quelque sorte l'inventaire d'une jeune femme mariée depuis peu et n'ayant pour ressources que le produit de son travail et celui de son mari.

1° VÊTEMENTS ET OBJETS MOBILIERS. — Une paire de brodequins, d'une valeur de 15 francs, dont la durée sera d'un an, moyennant un ressemelage du prix de 1 franc, soit.. 16   »

Deux douzaines de lacets à brodequins, à 0 fr. 30 l'une................... 0 60

Six paires de bas, à 1 fr. 50 l'une, dont la durée est calculée à deux ans, soit pour un an.. 4 50

Deux paires de jarretières, à 0 fr. 20 l'une, par an...................... 0 40

Une paire de guêtres en coutil rayé bleu, du prix de 1 fr. 75, d'une durée de deux ans, soit pour un an... 0 88

Une culotte en étoffe de laine, du prix de 3 fr. 50, dont la durée peut être calculée à deux ans, soit pour un an................................... 1 75

Chemises : quatre par an, à 3 fr. 50 l'une............................ 14   »

Corset : un par an, à 4 francs....................................... 4   »

Flanelle (1) : deux gilets par an, à 1 fr. 75......................... 3 50

Gilet de laine, à 4 francs, d'une durée de deux ans, soit pour un an...... 2   »

Un jupon de dessous, du prix de 3 francs, tous les deux ans, soit pour un an.. 1 50

Un caraco en pilou tous les ans, du prix de........................... 4 50

Trois caracos en étoffe, à 1 fr. 75 l'un, tous les ans................. 5 25

Un corsage en laine par an, du prix de 7 francs....................... 7   »

Un corsage en coton (sorte de matinée), à 7 francs.................... 7   »

Une douzaine de mouchoirs en coton, à 5 francs....................... 5   »

Deux tabliers, à 1 fr. 75 l'un....................................... 3 50

Une capeline, appelée bachelique................................... 3 50

Bonnets portés sous la bachelique : quatre par an, à 1 fr. 25......... 5   »

Bagnolet, grand chapeau d'été : un par an........................... 5   »

Fichu de laine, à 3 fr. 50 : un pour deux ans, soit pour un an........ 1 75

Mitaines, à 0 fr. 75 : une paire par an............................... 0 75

Un couteau pour les repas aux vignes................................. 0 75

Une marmite pour porter la soupe aux champs, d'une durée de quatre ans, moyennant un étamage annuel du prix de 0 fr. 75, soit pour un an....... 2   »

Un gobelet en fer-blanc.. 0 10

Une besace ou un sac en toile destiné à porter le pain et parfois les bouteilles de vin, durée deux ans.. 4   »

Une demi-douzaine de cuillers et une demi-douzaine de fourchettes en fer-blanc tous les cinq ans, moyennant un étamage annuel de 0 fr. 10 par pièce pour les cuillers et de 0 fr. 30 par douzaine de fourchettes, soit par an....... 1 60

Aux vêtements de travail, il convient d'ajouter le prix d'un costume porté le dimanche et les jours de fête et d'un peu de linge supplémentaire. Calculé au plus juste prix, le montant de ces différentes dépenses peut s'élever à la

(1) On peut admettre que la moitié environ des femmes travaillant aux vignes portent de la flanelle.

somme annuelle de... 35   »

2° OUTILS DE TRAVAIL. — Une serpette (1), du prix de 1 fr. 25 et d'une durée de trois ans, soit pour un an..................................... 0 40

Un croc (2), du prix de 4 fr. 50 et d'une durée de six ans, moyennant un rechaussage annuel de 3 fr. soit pour un an............................ 3 70

Une binette (3), appelée rouale, du prix de 3 fr. 50; sa durée est de dix ans,

Fig. 17. — Ficheux, appareil servant aux femmes pour planter les échalas.

moyennant deux rechaussages annuels à 2 francs l'un, soit par an................ 4 35

Une raclette, du prix de 3 fr.50; son manche, 0 fr. 25; moyennant une réparation annuelle de 1 fr. 50, sa durée est de deux ans, soit pour un an.................... 3 37

Une serpette sécateur, du prix de 3 fr. 75 et d'une durée de quatre ans, moyennant un aiguisage annuel pour 0 fr. 15, soit par an... 1 09

Une pierre à aiguiser pour donner du taillant aux outils. 0 40

Une hotte, du prix de 3 fr.50 et d'une durée de deux ans, munie de ses bretelles en ficelles, du prix de 0 fr. 75 la paire; soit pour un an 2 15

Un ficheux (fig. 74) (appareil servant à enfoncer les échalas), du prix de 7 francs, y compris les ceintures et la manique (4); cet appareil possède une durée de dix années

environ... 0 70

Poucier (5) : un par an.. 0 40

TOTAL.. 157 39

La vigneronne ne gagne donc en réalité que la somme de *quatre cent quarante-deux francs soixante centimes* par an.

Nous n'avons pu nous procurer les documents nécessaires pour établir un compte similaire pour les enfants, à cause de l'ingéniosité et de l'éco-

(1) Les vignerons repassent eux-mêmes cette serpette, qui leur sert également à nettoyer leurs chaussures de la boue.
(2) Le croc employé par les femmes est plus petit que celui des hommes.
(3) Sert au labourage.
(4) Le ficheux est un appareil en bois dur, entouré d'un coussin en velours bourré de chiffons, maintenu sous la manche droite du caraco au moyen de lanières en cuir et d'une ceinture à la taille. La femme peut ainsi, sans se blesser, placer sous son aisselle droite l'échalas à piquer en terre et l'enfoncer avec la main droite, en s'aidant du poids de son corps. La manique est une sorte de gant en cuir, qui sert à enfoncer les buchottes, c'est-à-dire les échalas cassés qui n'ont plus leur longueur primitive.
(5) Le poucier est une sorte de tube en cuir, destiné à protéger le pouce de la main droite au moment de la taille de la vigne. Certains vignerons s'en fabriquent eux-mêmes avec du bois, mais ils sont trop lourds pour les femmes. Pour cela, ils coupent une branche d'aune d'une grosseur supérieure au diamètre de leur pouce et d'une longueur convenable; ils évident le bois, puis y placent le doigt, maintenant ensuite l'appareil autour de leur pouce au moyen d'un chiffon.

nomie apportée par les parents à leur entretien. Dans la plupart des ménages, la garde-robe de la mère de famille et les outils sont partagés et utilisés par les enfants. On peut néanmoins évaluer à la somme de 90 francs l'entretien annuel d'une jeune fille, et à 100 francs celui d'un garçon âgé de quatorze à seize ans.

III. — LES HOMMES.

Avant d'examiner les conditions économiques du vigneron champenois, il est utile de posséder un aperçu de la contrée où il travaille, de connaître les exigences de la plante qu'il cultive et le milieu où s'écoule sa vie de labeur. Le lecteur, renseigné sur ces différents points, comprendra mieux les explications qui seront données au sujet de son salaire.

Ainsi que cela a déjà été publié plusieurs fois, les principaux vignobles de

Fig. 18. — Vendanges en Champagne. — Les débardeurs.

la Champagne peuvent être classés en quatre sections distinctes. La première comprendra les vignes réputées de la vallée de la Marne situées entre Damery et Bouzy; la seconde, les coteaux de la Montagne de Reims; la troisième, les vignobles de raisins blancs étagés sur les collines qui bordent les Champs Catalauniques à partir de la commune de Chouilly, jusqu'au Mont Aimé, c'est-à-dire à la ville de Vertus, où reparaissent les raisins noirs; dans la quatrième se rangeront tous les autres crus du département de la Marne. En assignant au véritable vin de Champagne ce périmètre de production, quoi que puissent dire les propriétaires des départements limitrophes, je suis très complaisant, car j'ai connu le temps où les principaux négociants repoussaient avec horreur les échantillons de vins étrangers à la vallée de la Marne, aux coteaux de la Montagne et aux crus de raisins blancs. Les besoins du commerce ont élargi le cercle de production, de nombreuses plantations ont accru le chiffre des hectares plantés en vignes dans les grands comme dans les petits crus, et l'on peut raisonnablement borner au département de la Marne le lieu de production des vins mousseux réputés de Champagne.

La division que j'ai présentée, en ce qui concerne les trois premières sections, est avant tout géographique, car les vins récoltés dans les premiers crus sont tous d'une qualité remarquable, quoique d'un type entièrement

Fig. 19. — Le père Bérèche, vigneron d'Ay.

différent; c'est de leur mélange, judicieusement opéré, et des années favorables que dépendent le bouquet, la finesse et la mousse du champagne que nul vin, étranger à la région, n'a encore su égaler. Ce classement a aussi son importance au point de vue de la situation économique du vigneron, qui diffère un peu suivant la région où il est employé.

Plantée sur un massif de craie recouvert d'une faible épaisseur de terre végétale, la vigne, aux confins de la latitude où il lui est donné de vivre et de fructifier, ne produit que grâce aux soins constants qui lui sont donnés et à des apports de terre et d'engrais qui lui ont constitué à la longue un sol riche en matières fertilisantes et perméable aux agents atmosphériques.

Les vignes de la Champagne sont en général complantées sur les coteaux, il n'en existe que fort peu en plaine. Au pied des collines, la terre végétale est siliceuse et calcaire, assez riche en humus et d'une profondeur variable de 50 centimètres à un mètre ; le sous-sol est de craie. C'est dans ces vignes basses que l'on récolte le meilleur vin, lorsque les gelées printanières ne viennent pas détruire les espérances du propriétaire.

A mi-côte, le sol et le sous-sol sont à peu près les mêmes, mais les propriétés y ont une valeur plus grande parce qu'elles sont moins sensibles à la gelée et que la récolte y est pour ainsi dire assurée.

Au faîte des coteaux, la couche de terre végétale est moins profonde, plus sablonneuse ; elle repose sur un sous-sol d'argile, humide et froid qui nuit à la maturité du fruit et à la qualité du raisin. Dans les vignes hautes, la vigne produit davantage : malgré leur rendement supérieur à celui des vignes basses et des vignes situées à mi-côte, leur valeur est de beaucoup inférieure.

Fig. 20. — Types de vignerons champenois.

C'est aussi au sommet des collines pour la plupart boisées que se trouvent les carrières d'engrais naturel que l'on exploite communément sous le nom de cendres. Ces cendres contiennent du soufre à l'état de sulfate ou de bisulfure de fer, une proportion très faible d'azote et d'acide phosphorique, du sable mélangé d'argile qui donne une quantité de potasse, variant de 2 à 4 $^{0}/_{00}$, et enfin du carbonate de chaux en quantité variant de 22 à 500 $^{0}/_{00}$.

Certaines (1) de ces cendres contiennent également des débris végétaux ;

(1) A Ay et à Epernay.

ce sont ces cendres qui, mélangées avec de la terre de prairie et du fumier, servent à l'établissement des composts ou magasins. Les effets des cendres sont imputables principalement à la proportion considérable de sulfate de fer qu'elles fournissent à la plante au fur et à mesure de ses besoins, l'oxydation se poursuivant après l'épandage, aux 15 à 20 % d'argile qu'elles contiennent, et à leur coloration noire.

C'est certainement à l'emploi que le Champenois en fait depuis des siècles que l'on doit la décalcarisation progressive du sol des vignobles très rarement atteints par la chlorose et immédiatement guéris par ce remède (1). Nous verrons, dans la suite, à quels frais cette exploitation entraîne le propriétaire.

La nature des cépages est presque identique en Champagne ; on ne rencontre dans les grands crus que le Pinot noir et le Pinot blanc ainsi que certaines de leurs variétés auxquelles on a donné le nom de Vert-Doré, de Plant vert, de Vertus, de Fleury, etc. Dans les contrées exposées à la gelée, on trouve le Meunier dans les petits crus ; les vignerons ont commis l'imprudence de planter des Gouais et des plants d'Autriche, pensant que ces derniers seraient plus résistants au Phylloxéra. Il est à souhaiter que ces plants communs, jusqu'alors peu répandus, ne soient pas propagés, car ils ne pourraient donner que du vin commun impropre à la confection d'une bonne cuvée ; le Phylloxéra en fera du reste bonne justice.

Le nombre de souches à l'hectare est environ de cinquante mille dans les crus de raisins blancs et de soixante mille dans les crus de noirs ; l'âge moyen de la vigne est de cinquante ans dans les crus de raisins blancs, de trente ans dans les vignes de la vallée de la Marne et de la montagne et de vingt-cinq ans dans les autres crus. On conservait autrefois les vignes vieilles à cause de la qualité de leurs fruits ; aujourd'hui, le prix de la culture et de la main-d'œuvre oblige le propriétaire à renouveler une vigne qui ne produit plus assez pour le couvrir de ses frais.

Comme le vin qu'elle produit et que l'on consomme aujourd'hui partout, la vigne s'est démocratisée et la propriété viticole dans le département de la Marne est très divisée.

Il m'a paru intéressant de relever sur le cadastre de plus de cent communes le nombre des propriétaires de vignes et la surface de leur propriété. J'ai choisi de préférence les villes et villages situés dans les crus les plus renommés, c'est-à-dire là où se trouvent groupés les lots importants des riches propriétaires. Voici quel a été le résultat de cette enquête :

Dans 119 communes (2) :

(1) A défaut de ces cendres, certains propriétaires recommandent l'emploi des cendres pyriteuses de l'Aisne qui contiennent environ 3 kg. 80 d'azote, 15 kg. 36 d'acide phosphorique soluble, 110 kg. d'humus et 1 kg. 30 de sesquioxyde de fer à l'état soluble par mille kilogrammes. Ces cendres ont une efficacité indéniable contre la chlorose et elles remplacent plus sûrement et plus avantageusement les épandages ou les badigeonnages au sulfate de fer.

(2) Les communes choisies sont les suivantes : Ablois, Allemand, Ambonnay, Avenay, Avize, Ay, Barbonne-Fayel, Baye, Beaumont-sur-Vesles, Beaunay, Beine, Bergères-lès-Vertus, Bethon, Binson-Orquigny, Bisseuil, Bouzy, Broussy-le-Petit, Broyes, Brugny-Vaudancourt, Cernay-lès-Reims, Chamery, Champillon, Chantemerle, Châtillon-sur-Marne, Chavot-Courcourt.

7.998 propriétaires possèdent moins d'un hectare,
2.581   —   — de 1 à 5 hectares,
84   —   — de 5 à 20 hectares,
21   —   — de 20 hectares et au-dessus.

En étudiant les conditions économiques d'un vigneron propriétaire de moins d'un hectare, on aura donc une idée relativement exacte des moyens d'existence offerts à la majeure partie de la population viticole du département de la Marne.

Fig. 21. — Transport du magasin en hiver.

Examinons maintenant les différents travaux de culture auxquels le vigneron est assujetti, c'est-à-dire le programme de l'emploi de son temps.

Par les beaux jours de janvier, le vigneron s'occupe de l'épandage des

Chigny, Chouilly, Coligny, Congy, Corfélix, Cormoyeux-Romery, Courjeonnet, Courthiézy, Cramant, Cumières, Cuis, Damery, Dizy-Magenta, Dormans, Ecueil, Epernay, Etoges, Férebrianges, Festigny, Fleury-la-Rivière, Fontaine, Fontaine-Denis, Givry-lès-Loizy, Grauves, Hautvillers, Hermonville, La Celle-sur-Chantemerle, La Ville-sur-Orbais, Le Breuil, Les Istres-Bury, Les Petites-Loges, Le Thoult, Leuvrigny, Loisy-en-Brie, Louvois, Ludes, Mailly, Mancy Mardeuil, Mareuil-sur-Ay, Mareuil-le-Port, Mesnil-sur-Oger, Monthelon, Montdement, Montgenost, Montbré, Morangis, Moslins, Moussy, Mutigny, Nesle-le-Repons, Nogent-l'Abbesse, Œuilly, Oger, Oiry, Oyes, Pargny-lès-Reims, Pierry, Reims, Reuil, Reuves, Rilly-la-Montagne, Saudoy, Sermiers, Sézanne, Sillery, Soigny, Soilly, Soizy-aux-Bois, Soulières, Talus Saint-Prix, Toulon, Troissy, Trépail, Tauxières-Mutry, Trois-Puits, Vandières, Venteuil, Verdon, Vertus, Vert-la-Gravelle, Verneuil, Verzy, Verzenay, Villevenard, Villers-Marmery, Villers-Allerand, Villeneuve-Renneville, Villers-Franqueux, Villedommange, Vincelles, Vindey, Vinay, Vauciennes.

composts, il charge le magasin dans les hottes des femmes ou en fait lui-même le transport (fig. 21); puis, lorsque ce travail est terminé, il se livre

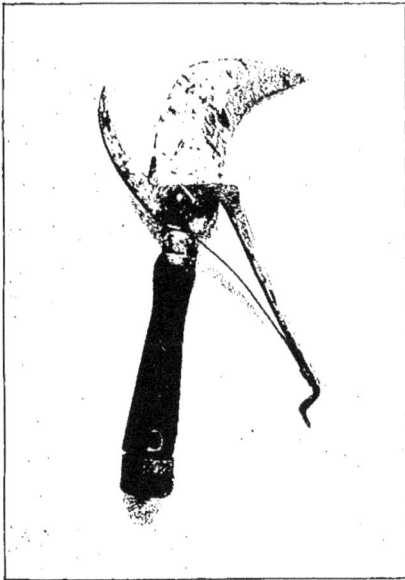

Fig. 22. — Sécateur employé pour la taille de la vigne.

Fig. 23. — Serpette employée pour la taille de la vigne.

au sarclage des vignes où les pluies d'automne ont fait croître l'herbe. Au mois de février et dans la première moitié du mois de mars, il procède à la taille. Au moyen d'un sécateur (fig. 22) ou d'une

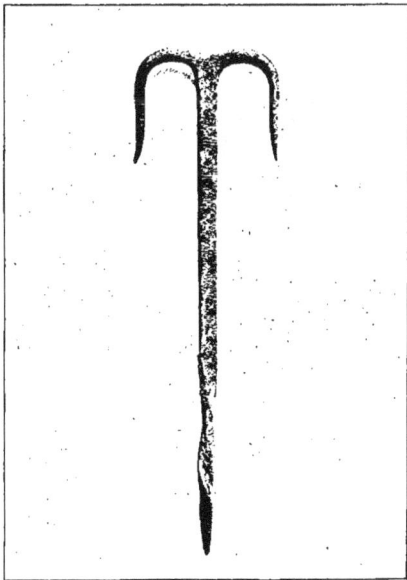

Fig. 24. — Crochet à provigner.

Fig. 25. — Panier à provigner servant au transport du magasin.

serpette (fig. 23), il élague les branches inutiles du cep, pour ne laisser, — dans les crus de raisins noirs, — que les deux *broches* les plus fortes et les plus hautes taillées à trois yeux, et, dans les vignes de raisins blancs, une seule broche taillée suivant sa vigueur à trois ou quatre bourgeons. C'est à cette époque de l'année qu'il prépare ses provins, opération qui consiste à choisir, à proximité des places laissées vides par suite de la mort accidentelle d'un ou plusieurs ceps ou encore par suite de leur âge, un pied vigoureux élagué à

Fig. 26. — Provignage de la vigne.

une, deux ou trois branches auxquelles on laisse la longueur de la pousse de l'année précédente.

Le moment est également venu de procéder à l'*assiselage*, c'est-à-dire à la première multiplication des vignes jeunes par le provignage. Pour faire mieux saisir l'importance de cette opération, il nous faut ici expliquer en peu de mots commment se pratiquent les plantations.

Dans la vallée de la Marne, la coutume est de créer des pépinières destinées à fournir les sujets. Pour cela, on choisit des sarments ou crossettes dans les vignes réputées pour leur végétation et leur fructification.

Ces sarments mis en bon terrain, à proximité d'un ruisseau, si cela est possible, afin de pouvoir les arroser, donnent des racines au bout de deux ou trois ans.

Dans la montagne de Reims, où les vignerons ont obtenu des insuccès, plutôt dus à leur inexpérience qu'au plant ou au terrain, comme ils le pré-

Fig. 27. — Béchage de la vigne.

tendent (1), on se sert, pour obtenir du plant, de marcottes ou rameaux coulés en terre et entourés d'un gazon dans lequel ils prennent racine la même année et que l'on sépare du pied-mère en automne.

Après deux ans ou trois ans de pépinière, suivant la vigueur, le plant

(1) Il a toujours été admis qu'on ne peut réussir des plantations faites avec des crossettes dans la montagne de Reims, sans s'exposer à voir au bout de peu de temps la vigne être atteinte du chabot, — nécrose intérieure du bois de racines. — Pour ma part et suivant en cela l'exemple donné par plusieurs propriétaires, j'ai cru devoir tenter des essais qui ont complètement réussi. Le succès dépend des soins que l'on donne au plant et de la manière dont on répartit l'engrais en plantant.

est bon à lever. Dans la vallée de la Marne, la coutume est de planter à une profondeur moyenne de 25 centimètres et en lignes espacées entre elles de un mètre. Pour fonder une vigne en foule, on plante en quinconces en plaçant les plants à 65 ou 70 centimètres d'intervalle. Quelques propriétaires préfèrent conserver leurs vignes en lignes ; dans ce cas, ils dressent des carrés sur toutes les faces.

Fig. 28. — Fichage à la poitrine.

La vigne ainsi complantée n'est pas assez serrée pour donner un rendement rémunérateur : c'est pourquoi, après la seconde année, les pousses de chaque plant, au nombre de deux ou trois, sont couchées en terre dans une petite fosse remplie de magasin ; et c'est cette opération à laquelle on a donné le nom d'Assiselage, parce que la vigne n'est réellement fondée qu'à partir de ce moment. Ce sont les hommes qui creusent les trous, qui couchent les coursons et qui remplissent les fossés de compost ; les femmes leur apportent les plants et le magasin.

Dans la montagne de Reims, on ne pratique pas l'assiselage ; on se contente de planter les plants en rangs serrés et l'on fume les jeunes plants en ouvrant un fossé à la houe entre les lignes et en le remplissant de fumier frais.

Ces travaux conduisent le vigneron jusqu'au mois d'avril, car les journées ne sont pas longues à cette époque de l'année et les intempéries l'obli-

Fig. 29. — Fichage au pied ou mise en place des échalas.

gent souvent à rester chez lui. On ne peut guère évaluer qu'à huit heures de travail effectif par jour la somme de travail donnée.

Dans les premiers jours d'avril, on commence à songer à la *bêcherie*. Comme chez toutes les plantes et peut-être plus que chez toute autre plante, les racines de la vigne demandent à se mouvoir dans un sol meuble, rapproprié et surtout aéré; le labourage sérieux qui lui est donné au début de sa végétation lui est indispensable, en Champagne surtout, où les racines vivent à fleur du sol et où les pluies d'automne favorisent la croissance de l'herbe. Le vigneron accomplit ce travail avec une houe ou un hoyau (fig. 27); pour cela, il déchausse les ceps et les recouche en ne laissant dehors de terre que le bois de l'année précédente, c'est-à-dire les trois ou quatre bourgeons du bois de taille. Certains d'entre eux enterrent même l'œil le plus rapproché du collet afin de le préserver des gelées printanières. Cette méthode a pour but le rajeunissement annuel des racines et si par aventure les anciennes sont attaquées par les parasites de la vigne ou par les maladies cryptogamiques, les racines qui se développent au collet suffisent à l'alimentation du cep et presque toujours à la production du fruit : c'est ainsi que les racines se traînent, pour ainsi dire, à la surface du sol et qu'elles subissent toutes les influences de la température et que l'on voit, après une pluie bienfaisante qui succède à de longs jours de sécheresse, une vigne se ranimer subitement, ou une vigne, ravagée par la morsure des insectes, reprendre l'année suivante sa végétation normale.

Les propriétaires procèdent parfois à ce qu'on appelle le *béchage* d'hiver. En labourant leur vigne dans cette saison, ils arrivent plus aisément à la destruction des œufs ou des larves des ennemis de la vigne, mais, en ce faisant, on hâte l'époque du retour de la végétation, on expose les bourgeons trop tôt débourrés aux gelées printanières et lorsque le moment de la vendange arrive, la pourriture s'empare des raisins trop mûrs.

Avant le béchage, les propriétaires qui usent des engrais artificiels en font l'épandage de manière à les enterrer au moment de cette opération.

Immédiatement après le béchage, on procède au *provignage* (fig. 24, 25 et 26). Nous avons déjà parlé des réserves de bois qui ont été faites au moment de la taille dans les vignes destinées à être ou peuplées ou rajeunies. C'est en avril ou mai, alors que les craintes des gelées sont dissipées, que ce bois de haute taille dont les yeux n'ont pas été atteints et qui assure ainsi une récolte au propriétaire, est rabaissé à la profondeur de la plantation et couvert d'amendement en quantité suffisante, non seulement pour faire vivre le nouveau cep qui en naîtra, mais aussi les ceps voisins.

Un bon ouvrier peut faire de 70 à 80 provins par jour, et on en fait quelquefois jusqu'à 1.200 à l'hectare.

Certains propriétaires, dans la crainte d'être mis en retard par le mauvais temps pour leurs travaux du printemps, font une partie de leur provignage en hiver. Cette façon d'agir est sans inconvénient dans les vignes hautes, à maturité tardive, dans les vignes à assiseler, ou même dans les vignes de cinq à six ans dont la récolte est presque toujours trop abondante et par cela même lente à mûrir; aussi est-elle assez généralement pratiquée.

Aussitôt les vignes béchées, assiselées ou provignées, on y retourne pour le *fichage* (fig. 28 et 29), c'est-à-dire pour placer un échalas en terre à côté de chaque cep. Dans les basses vignes, il est utile de tuteurer les ceps avant le départ de la végétation, car l'échalas est par lui-même un abri contre la gelée, mais non contre toutes les gelées. S'il vient à geler après une pluie ou après une bourrasque de neige, ce remède est souvent pire que le mal, car l'abri fourni par l'échalas empêche le vent de secouer la goutte-lette d'eau contenue dans le bourgeon éclos et, en se congelant, elle entraîne la perte de l'œil. L'échalas ne protège donc en réalité le cep que des gelées sèches et c'est pourquoi, dès les premiers jours de mai, il faut songer à abriter les vignes.

La protection des vignes contre les gelées est une source de dépenses pour le petit comme pour le gros propriétaire, elle est aussi une source de revenus pour l'ouvrier auquel elle fournit un supplément de travail; il est donc indispensable de donner ici quelques renseignements sur cette matière.

Fig. 30. — Abri vertical : Claies en lattes.

Il y a longtemps que les Champenois ont pour la première fois songé à garantir leurs vignes contre les accidents climatériques et, dès 1818, la Société d'Agriculture de la Marne était saisie par M. Jean-Remy Moët d'une étude des moyens propres à les combattre. Voici comment s'exprimait le rapporteur de cette compagnie :

Les vignes qui font l'honneur de ce département, et qui sont la plus précieuse de nos cultures, réclament ici, plus qu'ailleurs, les soins d'une active industrie. La nature délicate du plant qui donne les meilleurs vins le rend très sensible aux impressions du froid et aux variations très promptes de la température; puis la latitude élevée de notre pays, situé presque sur les limites septentrionales du climat qui admet la culture de la vigne, expose trop fréquemment les propriétaires et les vignerons à perdre, par l'effet d'une gelée tardive, leurs frais de culture ou le prix de leurs sueurs. M. Moët, d'Epernay, membre correspondant de la Société, propriétaire de vignes et un des principaux négociants en vins de ce département, a cherché longtemps les moyens de prévenir des pertes aussi considérables. L'inutilité de ses premières tentatives ne l'a point rebuté, et aussitôt que des expériences convaincantes lui ont donné l'assurance de la bonté de ses procédés, en véritable ami du bien public, il s'est empressé de vous les communiquer pour les répandre.

Pendant l'année 1817, où les vendanges ont été presque nulles, c'est auprès de Sillery, un de nos vignobles les plus renommés, que M. Moët a fait

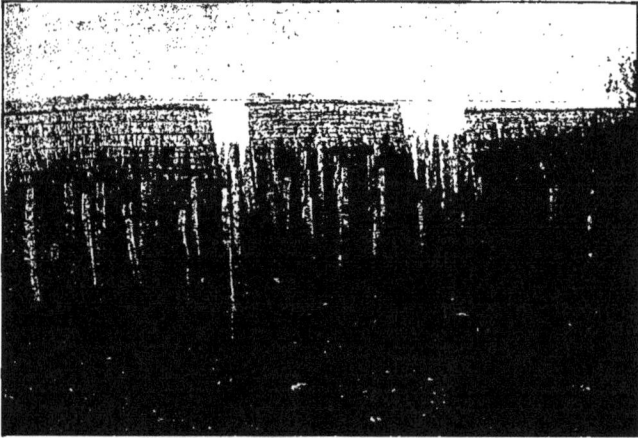

Fig. 31. — Abri vertical : Claies en osier.

des essais en grand, et qui lui ont parfaitement réussi. Des vignes situées à Romont, hameau proche de Sillery, et de nature à donner des vins de première qualité, ne rapportaient que de très faibles produits; placées sur une petite

Fig. 32. — Protection par trois lattes placées verticalement.

éminence isolée, et sans abri du côté de la plaine, elles gelaient presque tous les ans, et plusieurs propriétaires de ce canton, las de ne rien vendanger, ont mis leurs fonds en cultures céréales. M. Moët a longtemps éprouvé le même sort que ses voisins et ses prédécesseurs : les gelées, les grésils, les pluies froides, lui enlevaient presque chaque année tout espoir de récolte. Il avait essayé, mais sans succès appréciable, de se garantir de l'effet des gelées par des feux dont la fumée couvrait les vignes au moment du lever du soleil. Enfin, la réflexion et les circonstances l'ont conduit à un procédé plus simple et plus sûr.

On sait qu'un objet, en partie garanti de l'aspect du ciel pendant une nuit sereine, se conserve à une température sensiblement plus élevée que les corps environnants qui s'y trouvent entièrement exposés. Un abri, même très imparfait, placé devant un cep de vigne du côté du soleil levant, doit donc affaiblir

Fig. 33. — Abris en planchots.

d'abord l'action du froid pendant la nuit, et prévenir ensuite l'effet des premiers rayons du soleil et d'une variation trop brusque de température. M. Moët emploie, pour former ces abris, des petits rameaux de pins dont les feuilles, dures et persistantes, résistent suffisamment aux gelées et au soleil du printemps. C'est après les premiers travaux des vignes, à la fin d'avril, et à mesure qu'on plante les échalas qu'il faut les placer.

Les vignes de M. Moët, ainsi abritées, n'ont point souffert, en 1817, des froids et des intempéries qui ont atteint le vignoble entier de Sillery et la généralité des vignobles de ce département; chez lui la végétation a été, tout l'été, de quinze jours plus avancée que celle des vignes circonvoisines, et enfin on y a récolté, sur cinq arpents (1) mis en expérience, plus de raisins noirs qu'on en a recueilli sur des milliers d'arpents environnants, qui n'ont généralement donné qu'un peu de raisins blancs, moins délicats et encore loin de la maturité.

M. Moët emploie des femmes et des enfants à planter les rameaux de pins dont il fait usage ; il observe que la dépense ne s'est élevée qu'à vingt francs par

(1) Soit environ un hectare et demi, l'arpent mesurant 33 ares dans cette région.

arpent, et que ces rameaux, après lui avoir rendu un service aussi essentiel, n'en ont pas moins servi au chauffage de ses vignerons, première destination de ces bois lorsqu'il les avait envoyés à son vignoble.

Aussitôt que la Société d'Agriculture eut connaissance du procédé de M. Moët, elle s'empressa de le répandre, et elle invita surtout ceux de ses membres qui sont propriétaires de vignes, de le tenter en 1818 pour en constater encore mieux les résultats avantageux. Grâce aux chaleurs qui ont rendu cette année si

Fig. 31. — Abri vertical en toile goudronnée.

différente de celles qui l'ont précédée, les épreuves que nous avons provoquées ne pourront point démontrer l'importance du procédé, comme elles l'auraient fait sans doute dans des circonstances moins favorables. Malheureusement, il ne s'offrira que trop souvent des temps propres à vérifier l'utilité de l'expérience que nous venons d'indiquer (1).

Plus tard, des travaux furent exécutés dans les domaines de M. Jacquesson, de Châlons-sur-Marne, par le docteur J. Guyot, et l'emploi de paillassons mobiles donnèrent des résultats satisfaisants sous le rapport de la protection du fruit. Le prix de revient se montait à 500 francs par an et par hectare (2). De 1860 à 1865, d'autres préservateurs étaient prônés par des viticulteurs locaux, les uns (3) entraînaient la suppression des échalas, ce qui les fit écarter; d'autres, comme les cylindres légèrement

(1) Extrait du compte rendu des travaux de la Société d'Agriculture de la Marne pendant l'année 1818.
(2) Testulat, Ay (1863).
(3) Aug. Fiévet, Epernay (1862).

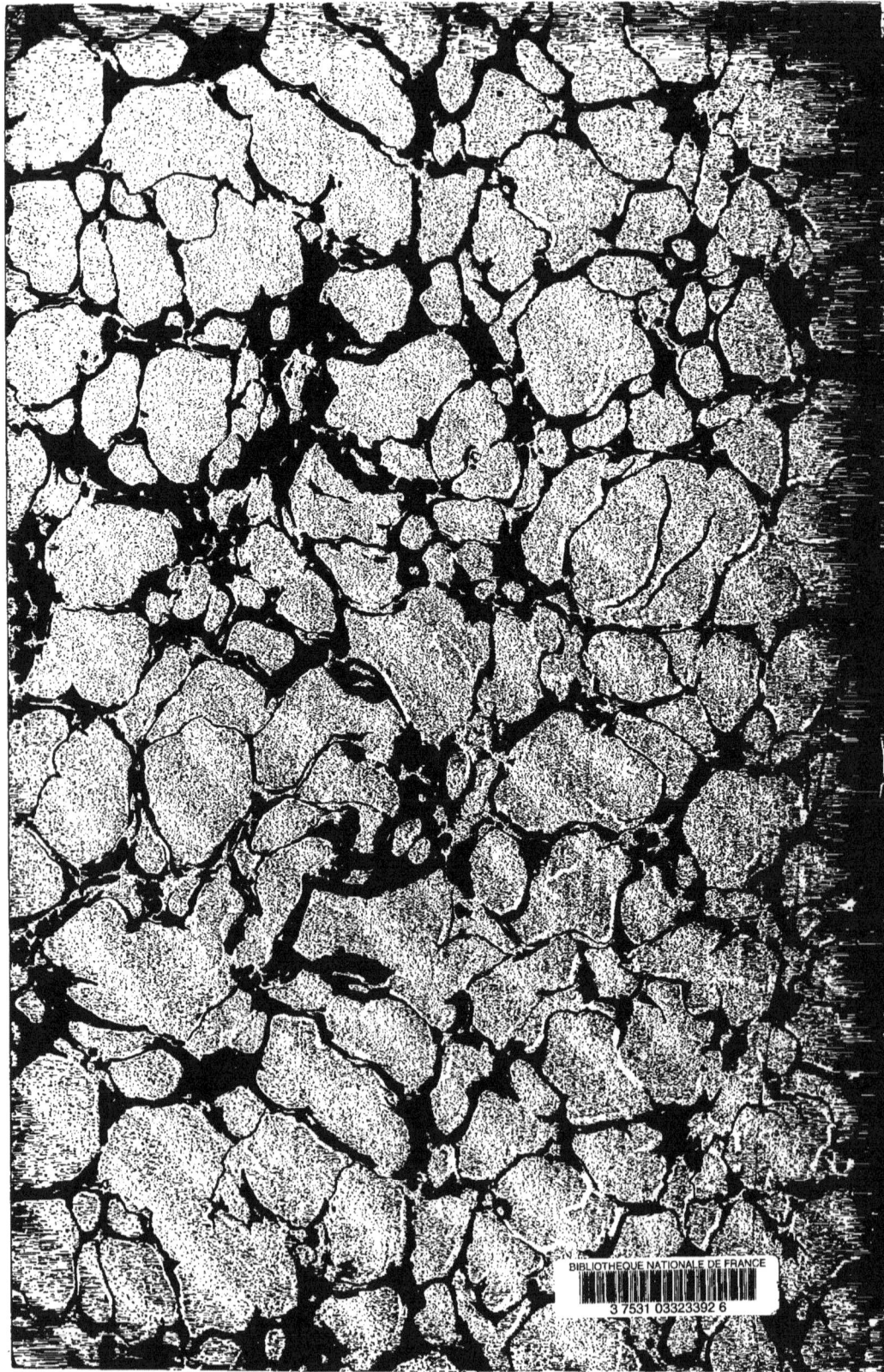

www.ingramcontent.com/pod-product-compliance
Lightning Source LLC
Chambersburg PA
CBHW060447210326
41520CB00015B/3875